Houtou-Liabillardière

V

Houtou-Liabillardière

V

©

EXTRAIT

DES ACTES DE L'ACADÉMIE ROYALE DES SCIENCES, BELLES-LETTRES ET ARTS DE ROUEN.

COLORIMÈTRE.

DESCRIPTION D'UN COLORIMÈTRE,

ET DU MOYEN DE CONNAITRE LA QUALITÉ RELATIVE DES INDIGOS,

Par M. Houtou—Labillardière.

MESSIEURS,

Les matières tinctoriales varient tellement de qualité par la plus ou moins grande quantité du principe colorant qu'elles contiennent, qu'il est très-difficile pour quelques unes, telles que les indigos, les garances, etc., dont il existe de nombreuses variétés, d'apprécier exactement leur valeur par la simple inspection et les moyens ordinairement employés pour chacune d'elles ; les qualités apparentes sont si variées et les moyens pour les reconnaître si imparfaits, que depuis longtemps on sent le besoin de moyens plus précis pour apprécier leurs qualités, et l'on a proposé à cet effet de les essayer en décolorant les dissolutions de ces matières par le chlore, et établissant une comparaison entre leur qualité et la quantité de chlore employé pour en décolorer des poids égaux. Le chlore est loin de remplir le but, par la difficulté de l'avoir toujours dans le même état de concentration et de saisir avec précision le point de décoloration , qui varie par la rapidité avec laquelle on verse le chlore et les nuances que prennent les liqueurs par la décomposition du principe colorant. Une autre raison , qui à elle seule ferait rejeter ce moyen , est que presque toutes les matières colorantes végétales sont accompagnées, dans leur dissolution, de quelques autres principes sur lesquels le chlore a de l'action , et qui occasionnent l'emploi d'une plus ou moins grande quantité de chlore pour détruire la même quantité de matière colorante existant dans ces sortes de dissolutions.

J'ai pensé qu'un moyen simple et précis de reconnaître la valeur réelle de ces matières serait d'une importance majeure, et dans cette intention je me suis livré à des recherches dont les résultats me paraissent déjà assez précis pour les publier , et dans lesquels j'ai suivi la marche naturelle qu'on doit prendre pour apprécier la qualité de ces matières destinées à la teinture , puisque c'est en comparant l'intensité de couleur qu'elles fournissent en les dissolvant comparativement , intensité de couleur qu'elles reproduisent dans le même rapport sur les objets teints avec ces matières. Quoique la chose soit assez simple par elle-même , elle ne laisse pas que d'exiger de nombreuses recherches que je n'ai encore pu terminer complètement pour toutes les matières tinctoriales, et pour mettre les essais par mon instrument, auquel j'ai donné le nom de *colorimètre*, à l'abri des erreurs qui pourraient résulter du mélange de matières colorantes étrangères avec celles que l'on essaie en mesurant l'intensité de couleur que ces mélanges arbitraires peuvent fournir. Cependant, par quelques contre-épreuves à l'aide du colorimètre et de quelques réactifs , j'ai lieu d'espérer parvenir à reconnaître non-seulement la qualité de ces matières, mais encore leur mélange avec des matières colorantes étrangères. Des expériences sur la garance m'autorisent à penser que ce que j'avance pourra se réaliser en continuant mes recherches sur cet objet.

Description du Colorimètre:

Cet instrument se compose de deux tubes de verre bien cylindriques, de 14 à 15 millimètres de diamètre et de 33 centimètres de longueur environ, bouchés à une extrémité, égaux en diamètre et en épaisseur de verre (1), divisés dans les 5/6 de leur longueur, à partir de l'extrémité bouchée, en deux parties égales en capacité, et la seconde portant une échelle ascendante divisée en 100 parties. Ces deux tubes se placent dans une petite boîte de bois (2), par deux ouvertures pratiquées l'une à côté de l'autre à la partie supérieure et près d'une des extrémités, à laquelle se trouvent deux ouvertures carrées du diamètre des tubes, pratiquées en regard de leur partie inférieure, et à l'autre extrémité un trou par lequel on peut voir la partie inférieure des tubes en plaçant la boîte entre son œil et la lumière, et juger très-facilement, par cette disposition, la différence ou l'identité de nuance de deux liqueurs colorées introduites dans ces tubes.

Principe sur lequel repose le Colorimètre:

L'appréciation de la qualité relative des matières tinctoriales est fondée sur ce que deux dissolutions, faites comparativement avec des quantités égales de la même matière colorante dans des quantités égales d'eau (3), paraissent, dans les tubes colorimétriques, de la même nuance, et que des dissolutions faites avec des proportions différentes présentent des nuances dont l'intensité est proportionnelle aux quantités de matière colorante employée ; ce qu'il est possible d'apprécier en introduisant dans les tubes colorimétriques 100 parties ou jusqu'au zéro de l'échelle de chaque dissolution ; et en ajoutant de l'eau à la plus intense jusqu'à ce qu'elle se confonde par la nuance avec la plus faible ; le volume de la liqueur affaiblie indiqué par la graduation des tubes se trouve dans le même rapport avec le volume de l'autre que les quantités de matière colorante employée ; l'intensité de couleur d'une liqueur affaiblie par l'eau étant proportionnelle aux volumes des liqueurs avant et après l'addition de l'eau, et les matières tinctoriales variables en qualité, traitées convenablement et comparativement, fournissant des liqueurs dont les nuances ont des intensités proportionnelles à la qualité du principe colorant qu'elles contiennent.

Manière de se servir du Colorimètre.

Après avoir traité ou dissout comparativement dans l'eau, ou tout autre liquide convenable, des quantités égales de matières tinctoriales, on introduit de ces dissolutions dans les tubes colorimétriques jusqu'au zéro de l'échelle, ce qui équivaut à 100 parties de l'échelle supérieure ; on les place (4) ensuite dans la boîte par les deux ouvertures pratiquées à cet effet, et, après avoir comparé leur nuance, si on trouve une différence, on ajoute de l'eau à la plus foncée et l'on agite ensuite le tube (5) après avoir bouché l'extrémité avec le doigt ; si après cette addition d'eau on remarque encore une différence, on continue d'en ajouter jusqu'à ce que les tubes paraissent de la même nuance. On lit ensuite sur le tube dans lequel on a ajouté l'eau le nombre de parties de liqueur qu'il contient ; ce nombre, comparé au volume de la liqueur contenue dans l'autre tube (qui est égal à 100), indique le rapport entre le pouvoir colorant ou la qualité relative des deux matières tinctoriales ; et si, par exemple, il faut ajouter à la liqueur la plus intense 25 parties d'eau pour l'amener

(5)

à la même nuance que l'autre, le rapport en volume
des liqueurs contenues dans les tubes sera dans ce cas
comme 125 : 100, et la qualité relative des matières colorantes sera représentée par le même rapport, puisque la qualité de ces matières est proportionnelle à leur
pouvoir colorant.

Les matières tinctoriales donnant des dissolutions di-
versement colorées, il est utile, pour bien apprécier
l'identité de nuance avec cet instrument, de choisir une
lumière convenable pour chaque couleur (les unes en
exigent une intense, les autres une faible ou par ré-
flexion sur un corps blanc), et de se placer de manière
à ce qu'elle arrive régulièrement sur l'extrémité de la
boîte vers laquelle se trouvent les tubes (6). Pour les
liqueurs bleues, il faut se placer à une fenêtre ou de-
hors et regarder les tubes au travers de la boîte, en la
tenant sous un angle de 45 degrés, en se tournant du
côté opposé au soleil (7). L'appréciation se fait ainsi
pour cette couleur avec assez d'exactitude pour ne pas
commettre une erreur de plus de deux centièmes ; ce
dont il est facile de se convaincre en opérant avec une
liqueur colorée en bleu, dont une partie est affaiblie
avec une quantité connue d'eau, et établissant, comme
je viens de l'exposer, l'identité de nuance entre ces deux
liqueurs (8) ; il est même indispensable de répéter deux
ou trois fois cet essai avant de se livrer à ce genre
d'épreuve, afin de bien saisir l'identité de nuance de
deux liqueurs, sur laquelle repose ce moyen métrique.

Procédé pour essayer les indigos.

On prend un échantillon moyen de chaque espèce
d'indigo (9) que l'on veut essayer, on le réduit en
poudre et on le passe entièrement au tamis fin (10) ;
après en avoir pesé exactement un gramme, que l'on in-

troduit dans un petit matras sec, on y verse 20 grammes d'acide sulfurique de Saxe (11), et quelques fragments de verre (12), pour faciliter par l'agitation le mélange et la dissolution de l'indigo; ensuite on chauffe au bain-marie à 40 à 50 degrés pendant une heure, en agitant (13) de temps en temps; le matras étant refroidi, on verse la dissolution d'indigo dans un grand verre d'eau, en remuant constamment avec un tube de verre; puis on verse cette liqueur dans un bocal (14) de la capacité de trois litres. On passe ensuite de l'eau à plusieurs reprises dans le matras, dans le verre et sur le tube, jusqu'à ce qu'il n'y reste plus d'indigo; toutes ces eaux de lavage sont introduites dans le bocal (15), que l'on remplit ensuite d'eau pour compléter les trois litres de liqueur que le gramme d'indigo doit fournir. On agite bien le vase pour opérer le mélange, ensuite on verse de cette liqueur dans un autre vase (d'un litre par exemple) pour la laisser déposer pendant quelques heures (16); le reste devenant inutile, on le jette pour recommencer la même chose sur les autres essais, qui doivent se faire en même temps et absolument de la même manière. Les liqueurs étant bien reposées, on compare leur nuance avec le colorimètre (17), comme je l'ai exposé précédemment ; la qualité relative de chaque échantillon s'exprime par le nombre de parties que chaque liqueur donne comparativement après les avoir amenées à la même nuance dans les tubes colorimétriques, et si on opère sur un nombre de plus de deux, on compare les autres essais avec un de ceux qui ont servi dans la première comparaison, dont la qualité relative est déjà connue (18).

Notes et observations sur le Colorimètre et sur le moyen d'essayer les indigos.

(1) On se procure facilement deux tubes de diamètre

-égaux, en coupant à la lampe un tube de longueur convenable et bouchant les deux extrémités qui se touchaient;
vers cès parties, le diamètre des tubes et l'épaisseur du
verre sont sensiblement égaux, et cela suffit, puisque
c'est dans ces parties que se fait l'appréciation de l'identité de nuance des liqueurs colorées.

(2) La boîte de bois dans laquelle on place les tubes
peut avoir 14 pouces de longueur, 5 pouces de hauteur
et 3 pouces de largeur, et ne laisser pénétrer la lumière
que par les ouvertures pratiquées aux extrémités ; et, pour
la rendre plus convenable, il est bon de la noircir in-
térieurement ou d'y coller du papier noir, et de donner
une épaisseur de 1 pouce et demi à la partie supérieure où
se trouvent les trous par lesquels on introduit les tubes,
pour éviter qu'il ne pénètre de lumière par ces ouvertures.

(3) Toutes les matières colorantes ne se dissolvant
pas dans l'eau, il est nécessaire, selon leurs propriétés,
d'employer les agents chimiques convenables pour les dissoudre, tels que les acides, les alcalis, l'alcool, etc.

(4) Il faut bien essuyer les tubes avant de les intro-
duire dans la boîte, et les tenir par la partie supérieure,
pour éviter que les mains y déposent de l'humidité,
qui ternirait le tube et augmenterait l'intensité de la liqueur dans les parties qui en seraient recouvertes.

(5) Pour éviter la mousse qui se formerait en agitant
rapidement le tube pour mélanger l'eau avec la liqueur
colorée, il faut l'incliner lentement et à plusieurs reprises.

(6) Si la lumière arrivait obliquement sur l'extrémité
de la boîte, le tube opposé se trouvant plus éclairé, pa-
raîtrait moins intense que l'autre, et avant de conclure
il faut vérifier l'identité, en changeant les tubes de place,

pour éviter les erreurs que la lumière pourrait occasionner.

(7) On peut apprécier l'identité de nuance des liqueurs bleues aussi bien quand le ciel est couvert que lorsque le soleil paraît ; dans ce dernier cas, il est bon, s'il y a des nuages isolés, de s'arranger de manière à ce que l'extrémité de la boîte soit dirigée vers une partie du ciel qui présente de l'uniformité.

(8) Cela se fait très-facilement en introduisant de la même liqueur dans les tubes jusqu'au zéro de l'échelle, et ajoutant dans un des tubes une quantité quelconque d'eau.

(9) Les caisses d'indigos contenant des morceaux de nuances différentes et de la poussière, il est utile de détacher des fragments de plusieurs morceaux et de prendre de la poussière à peu près dans le même rapport que cela se trouve. Les caisses d'indigo étant toujours conservées à la cave ou dans des endroits humides, l'indigo poreux contient souvent une grande quantité d'humidité, qui se perd surtout dans l'été, si on n'a pas la précaution d'opérer de suite sur l'échantillon ou de le conserver dans un vase bien bouché avant de l'essayer.

(10) Les indigos, même ceux qui offrent une belle nuance, contiennent souvent du sable qui reste sur le tamis ; par cette raison il est bon, pour obtenir un échantillon moyen d'indigo, de pulvériser convenablement toute la partie, de la passer entièrement au tamis, et de bien mélanger ensuite la poudre qui en résulte. On se sert à cet effet d'un pilon de porcelaine ou de verre, et d'un tamis de soie de 3 à 4 pouces de diamètre.

On emploie des matras de 4 onces, desséchés en les chauffant et y soufflant de l'air, pour éviter que

que l'humidité qu'ils pourraient contenir ne retienne de l'indigo le long du col.

(11) La quantité d'acide que j'emploie peut paraître beaucoup trop forte pour dissoudre une aussi petite quantité d'indigo ; mais il est plus convenable d'en employer vingt fois le poids de l'indigo, puisque la dissolution s'en fait beaucoup mieux et plus exactement qu'avec une quantité moindre, et que les résultats sont les mêmes, pour l'intensité de couleur, qu'avec de plus petites quantités ; ce dont je me suis assuré par des expériences comparatives, ainsi que pour la température que j'indique.

On trouve dans le commerce un acide sulfurique de Saxe qui donne des dissolutions violettes avec tous les indigos ; il est préférable de choisir celui qui dissout l'indigo en bleu, quoique le premier puisse également servir.

(12) Il suffit que les fragments de verre aient la grosseur d'un pois.

(13) Il est convenable d'agiter les matras en leur donnant un mouvement circulaire horizontal, en les tenant verticalement, pour que la matière reste toujours dans la moitié inférieure de la capacité du matras.

(14) A la place d'un bocal ordinaire, il est plus commode de se servir d'une carafe de 3 litres, au col de laquelle on fait un trait pour indiquer la capacité. La mousse qui se forme en versant les liqueurs dans les vases de cette forme, se rassemble mieux et plus promptement à la partie supérieure.

(15) Pour éviter de répandre des liqueurs en les versant dans le bocal, on se sert d'un grand entonnoir et on frotte avec du suif le bord du verre.

(16) Une des choses les plus importantes pour l'exactitude de ces essais est de n'opérer que sur des liqueurs bien claires, les corps en suspension augmentant
leur intensité ; on parvient à les avoir ainsi en les laissant reposer du jour au lendemain, mais ce temps, souvent trop long, peut être abrégé en filtrant les liqueurs
sur du verre pilé, disposé convenablement dans un entonnoir de verre, ou en se servant de filtres de papier
égaux, et en filtrant toute la liqueur ou une assez grande
quantité égale, pour chaque essai. Ce moyen d'obtenir
les liqueurs claires a l'inconvénient, par la matière qui
compose le filtre, de retenir un peu d'indigo ; ce dont
on acquiert facilement la preuve en filtrant une liqueur
et comparant les portions qui passent les premières avec
celles qui filtrent les dernières. Néanmoins, lorsque la
matière du filtre est saturée de couleur, ce qui passe
ensuite a sensiblement la même intensité. Les indigos
de bonne qualité donnent des liqueurs assez limpides ;
mais ceux qui sont inférieurs contiennent souvent beaucoup de sable et de matières terreuses, et quelques uns
des substances végétales qui se charbonnent par l'acide
sulfurique en laissant un dépôt brun que l'on serait
porté à regarder comme de l'indigo non dissout, si la
preuve du contraire n'avait pas lieu.

Autant que possible, il est bon de mettre les liqueurs
déposer dans des vases plus hauts que larges, de prendre la liqueur avec une pipette ou un tube effilé pour
ne pas la troubler, et de laver les tubes avec les dissolutions sur lesquelles on doit opérer.

(18) La comparaison des indigos de basse qualité
avec d'autres de très-bonne, exige souvent, pour arri-
ver à l'identité de nuance, plus d'eau que ne peut
en contenir le tube jusqu'à l'extrémité de la graduation ;
dans ce cas, on en met jusqu'au centième degré. On re-

tire de la liqueur encore trop intense et on n'en laisse
dans le tube que jusqu'au zéro de l'échelle , comme si on
commençait ; on continue d'ajouter de l'eau jusqu'à éga-
lité de nuance , et on double le nombre de parties que
l'on trouve en second lieu ; mais il est préférable de
ne former , pour les essais de ces indigos , d'ailleurs fa-
ciles à reconnaître , qu'un litre ou deux de liqueur , à la
place de trois comme je l'indique , et de tenir compte
du volume de dissolution que l'on forme , par rapport
à celle qui sert de comparaison.

J'ai recherché si quelques substances pouvaient aug-
menter l'intensité de la couleur de l'indigo ; je n'en ai
trouvé aucune qui produise cet effet, et qui puisse appor-
ter , dans les circonstances ordinaires , de l'incertitude
dans l'appréciation de la qualité relative des indigos par
ce moyen métrique.

La qualité relative des échantillons que j'ai titrés par
ce moyen , et que j'ai l'honneur de présenter à l'Acadé-
mie , est exprimée par des centièmes, supposant à l'échantillon que j'ai trouvé le meilleur une qualité égale à
100.

ROUEN. IMPRIMERIE DE NICÉTAS PERIAUX JEUNE,
RUE DE LA VICOMTÉ , Nº 55.